玩法

1 將粉末倒進座廁杯中，跟熱水混合。

⚠ 請在成人陪同下使用熱水。

2 立即湧出氣泡！

我們的使命是要確保全世界的廁所發展。須搞清楚氣泡的來源！

製作鬼口水

黏乎乎的⋯⋯

1 冒泡停止後攪拌溶液⋯⋯

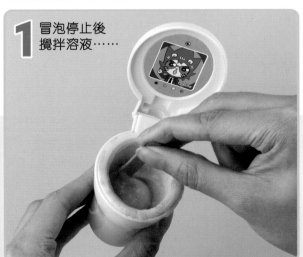

2 放置一會後再取出，加以搓揉，便變成鬼口水！

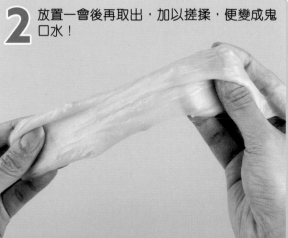

這不是排泄物。

你們快出發調查清楚！

排污系統解構

1 廁所水箱位於高處，因而儲存了重力勢能。沖水時，那些重力勢能轉換成動能，足以沖走排泄物。

水封

2 當隔氣彎管儲積足夠的水，可防止污水管內的氣體滲入。由於隔氣彎管對廁所的安全及衛生非常重要，所以其設計受法例監管。

隔氣彎管連接一條在建築物內的通氣管道，以確保水封兩邊的氣壓一致，防止沖水時過多廁所水流失而使水封失效。

3 座廁的去水管連接建築物的污水管，有些建築物以一條管道處理便溺污水及來自洗手盆等的廢水，有些則分別排放到兩條管道。

污水渠須有斜度來確保流速，防止固體微粒沉積，但又不能太斜，否則流速過快會令渠身加速耗損。

4 污水渠網路會收集來自不同建築物的污水，這些污水渠主要利用重力使污水流動。工程師設計污水渠時，要考慮現時及將來的污水量。

機械人也爬渠？

污水渠須不斷檢查及維修，遇有阻塞就須清理。在機械人仍未問世的年代，那些工作由人處理。可是，渠內環境不但惡劣，更有毒氣，對工作者非常危險，於是人們研究以機械人保養污水渠。

會爬渠的機械人並非天馬行空，現實中已有不少在應用或實驗中的爬渠機械人呢。

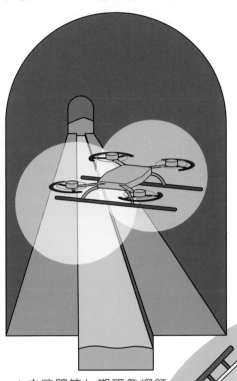

▲由歐盟第七期研發綱領計畫出資研發了稱為 MAV 的小型飛行器，可在狹窄的排污渠內飛行，避免受地面的障礙物阻礙。

▲日本的株式會社 tmsuk 開發了蜘蛛型機械人 SPD1 以檢查排污渠。其 4 隻「蜘蛛眼」是攝影鏡頭，加上採用爬行設計，比車輪更能克服渠管內的複雜環境。

▶印度初創公司 Genrobotics 為改善水渠清潔工的工作環境，遂開發下水道清潔機械人 Bandicoot。

有粉紅色的排泄物嗎？

排泄物是人體新陳代謝所產生的廢物，以尿液和糞便的形式排出。兩者有時因飲食、服用藥物或身體病變而出現不同顏色，如進食紅菜頭、黑莓、蠶豆等食物，有時會令排泄物帶有粉紅色。

改善廁所的科技

科技除了令排污設施的維修保養更方便，也改善了「用戶端」——廁所！例如紅外線水掣令人們不用接觸座廁或洗手盆水龍頭，減少細菌傳播。那看似微不足道，卻是非常重要的發明。

抽水馬桶是現代常見的東西，卻得來不易啊。

古時的人類甚至沒有廁所的概念呢。

人類出現已達百萬年，廁所卻只是近千年的發明。此前，人類以其他方法來解決大小二便的問題。

人類的廁所（或沒有廁所）進程

古代人類不上廁所嗎？ ▶▶

當人類在以打獵和採集維生的年代，須不斷遷徙才找到食物。人們在大自然就地便溺後不再操心，排泄物自會隨時間分解。

避無可避 ▶▶

人類懂得耕田後便定居下來，不再四處搬遷。要是在住所附近排泄，便要與臭氣相伴，於是他們走到遠離住所的草叢、河流等地才解決大小二便。

旱廁與水廁

隨後，人類因應不同需求和限制，發明了各式廁所。

只要在糞坑上設置一塊穩固且有開孔的板，就成為旱廁。也可加上廁座、水封等，令人如廁時較舒適，並減少臭味。

旱廁

這毋須連接下水道系統，而是直接讓排泄物掉到下方的糞坑中，每隔一段時間清理一次。這種基本設計雖非最衛生，但因成本便宜，故不少發展中地區都有旱廁。

坑內儘量保持黑暗，以免招引蒼蠅。有時也有適量的通風，進一步排散臭氣。

來自排泄物的液體逐漸滲到泥土內，當中的微生物雖會隨時間死去，但如果旱廁太接近水井或其他水源，仍可能造成污染。

在工地或大型活動場地，有時可看到一種經改良的旱廁——化學廁所。它也會把排泄物儲起來，同時混合化學物質來消毒，待儲滿了再由供應商運走及處理。

日益飛漲的排泄物數量

農耕帶來穩定的生活環境，使人口漸長，小村莊變成大城市，如人們要到郊外才排泄就極不方便。但若所有人都在城中隨處大小便，則引起惡臭，於是催生了最早期的廁所。

▲這是古羅馬的奧斯提亞（Ostia）公廁遺跡。當時此城的人口約為 3 萬人，以每個成年人平均每天拉 0.5 公斤的大便計算，城中每天產生 15000 公斤的大便，需要用公共水廁才能處理！

◀古羅馬人已懂得建造下水道，用來收集廁所的大小便。排泄物直接從座廁掉到下方的下水道中，因座廁的開口跟下水道有一段距離，就減少從下水道冒出的惡臭。

水廁

水廁則如上面所述，是用水沖走排泄物的廁所。現代水廁因經過改良，衛生標準較高；而以前因科學尚未昌明，水廁產生的污水仍帶來污染問題，並不比旱廁好多少。

1 例如在 18 世紀的倫敦，污水直接排進泰晤士河。這將臭味及滋長致病原（如細菌、寄生蟲等）的問題轉移到河流中，並沒真正解決。

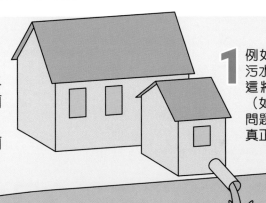

2 同時，倫敦居民又會從泰晤士河取水。於是霍亂、痢疾、寄生蟲等以水為傳播媒介的疾病便很易大流行。

哇！怪物呀！

水廁還有一個問題，就是常被人當成垃圾桶！

不可丟棄到座廁的垃圾

抹手紙及濕紙巾

很多東西都不能丟進廁所的，但人們還是亂丟，才令我誕生出來！

所有不能溶解於水的物質都不應丟到座廁中，例如抹手紙及濕紙巾都含有聚合物，故此更堅韌、更難溶解。若被投入座廁中，便會於管道內堆積。

食油

食油在水管內會逐漸凝固而引起淤塞，所以不應直接將大量食油倒進廁所或洗手盆，而是用容器密封，或與厚紙巾或食物殘渣等固體垃圾一同丟到垃圾箱。當然，減少油炸等需用大量食油的煮食方法就更好。

尿片和女性衛生用品

這些用品含高吸水性聚合物，有強勁的吸水效果。這種物料不但不溶於水，吸水時更會膨脹，很易堵塞喉管。

▲高吸水性聚合物可吸收比自身重量高 300 倍的水，例如約 10 克的高吸水性聚合物，就可吸收 3 公斤（約 3 升）的水！

鬼口水

鬼口水不能溶於水中，丟到水管內可能會塞住喉管！

這鬼口水也是有人把粉末丟進來所致！

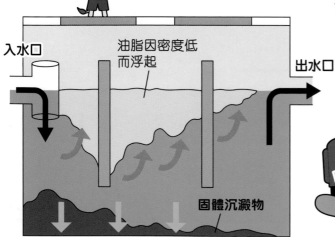

入水口　油脂因密度低而浮起　出水口

固體沉澱物

▲食肆無可避免地會棄置大量食油，因此須使用隔油池，將廢水中的油脂過濾，才排放到污水渠中。

我們該怎辦呢？

把堵塞物都清掉，就可令我消失。

3日後……

這是最後一批了！

原來有各種物件堵塞了排污渠。

做得好！

幸好我們已清理完畢，一切回復正常。

科技與廁所

人們一直以不同的科技改良廁所，加上各種以往沒有的新功能。

雖然現在廁所跟隨科技進步，但人們用廁所的習慣卻進步得較慢呢。

智能廁所

具備自動開關廁蓋、廁板加熱、自動沖廁、以噴灑消毒方式取代廁紙等功能，有些甚至能連上物聯網，用手機操控，或是在廁所內裝有分析排泄物以提供健康建議的裝置。

具遊戲功能的廁所？

日本遊戲公司世嘉（SEGA）開發了稱為「Toylet」的遊戲系統，內有多款小遊戲，讓使用者一邊小便一邊玩。

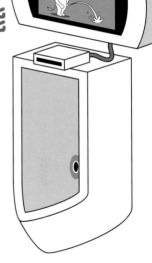

只要還有人亂丟東西進座廁，那種垃圾怪獸仍會再出現……

到時也靠你們幫忙清理啦～

我們是廁所特務，不是清潔工人呀！

海豚哥哥自然教室 動物

環保生態協會 Eco Association

> 你好，漂亮的白鵜鶘，你看來很悠閒啊！

> 我剛剛吃飽，現在水上漂浮作日光浴和整理羽毛呢！

© 海豚哥哥 Thomas Tue

美洲白鵜鶘

　　美洲白鵜鶘（American White Pelican，學名：*Pelecanus erythrorhynchos*）是大型水鳥。牠有粉紅色長喙，喙的底部長有黃色的喉囊，可一次過捕獵大量的魚。其身體主要呈白色，體重可達 7.2 公斤，身長可達 1.8 米。頭部圓而飽滿，頸項曲成 S 形，有橙黃色的腳。主翼和副翼長有黑色羽毛，翼展可達 2.8 米，非常寬大，使其飛行時十分穩定。

　　牠們分佈在北美洲至中美洲一帶，喜歡在淡水湖、沼澤或濕地環境棲息，多吃鯉魚、鯰魚和鱒魚等魚類為生，也會吃小蝦和昆蟲等，壽命估計可達 16 歲。

▼美洲白鵜鶘的視力非常敏銳，能在水面上清晰看到水裏的獵物，並俯衝進入水中捕食。牠們用喉囊捕捉和過濾食物，也會在岸邊等候獵物靠近時將之抓住。

© 海豚哥哥 Thomas Tue

▶由於其身上的羽毛密集而柔軟，提供保暖和水密性，使牠們在潮濕的環境仍可保持溫暖和乾燥。

© 海豚哥哥 Thomas Tue

保護美洲白鵜鶘的方法有：保護生態環境、減少水污染、進行動物保護教育等。

觀看美洲白鵜鶘的精彩片段，請瀏覽：
https://youtu.be/mFFIJYagKM0

海豚哥哥 Thomas Tue

海豚哥哥簡介

　　自小喜愛大自然，於加拿大成長，曾穿越洛磯山脈深入岩洞和北極探險。從事環保教育超過 20 年，現任環保生態協會總幹事，致力保護中華白海豚，以提高自然保育意識為己任。

雙人滾輪大挑戰

力學

馬戲團的萊特姐妹準備表演雙人滾輪走鋼線雜技，以展示她們的技術和默契！

製作時間：
45 分鐘

製作難度：
★★★☆☆

正文社 YouTube 頻道

嘟一嘟在正文社 YouTube 頻道搜尋「#216DIY」觀看製作過程！

玩法

1 視乎單人表演或雙人表演，剪出一條或兩條約 2 米長的棉繩，並以重物壓着其中一端，作為起點。

2 把棉繩穿過滾輪車。

3 拉直綿繩，並以重物壓住棉繩的另一端，使其低於起點約 20 cm。

4 把單輪車移到高處的起點，然後放手以開始表演。

11

單人滾輪製作方法

工具：剪刀、白膠漿、萬用膠、大頭釘、鉛筆
材料：紙樣、A4 硬卡紙 1 張、AA 電池 1 枚、瓦通紙、竹籤 1 枝、棉繩

1 選擇其中一面紙樣，除了角色紙樣外，把車輪軸心貼在瓦通紙，其他紙樣則貼在硬卡紙，然後修剪。（可從 p.14 QR Code 印出另一面紙樣。）

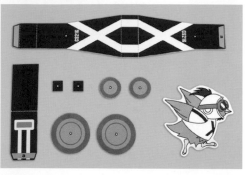

2 如圖用大頭釘在兩個車輪和兩個車輪軸心的圓心開孔，然後用鉛筆把孔口擴大至足以在竹籤輕易轉動，再用白膠漿把它們黏合成滾輪。

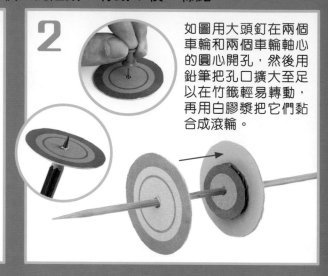

3 如圖用大頭釘和竹籤在支架和兩個固定環開孔。

孔口剛好能套上竹籤即可。

4 如圖逐一用竹籤串起支架、固定環和車輪。

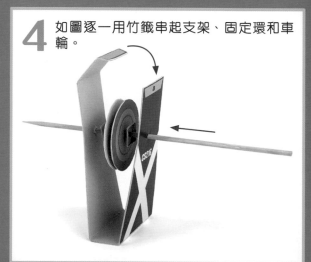

5 用萬用膠把一枚電池黏在支架上，並剪掉多餘的竹籤。

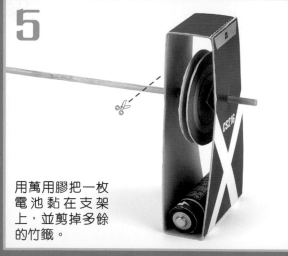

6 黏合背景板，並如圖把背景板和角色紙樣黏合至滾輪車上。

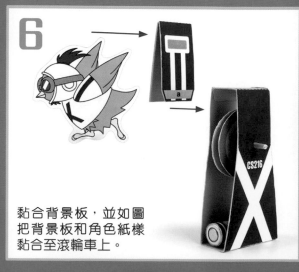

單輪車平衡之秘 —— 重心

當單輪車的重量大致平均分佈，就能使車左右平衡。另外，支架上放有電池，令車的重心（物體重量分佈的中心點）下移至支點（支撐點）的正下方，令車得以穩定行駛。

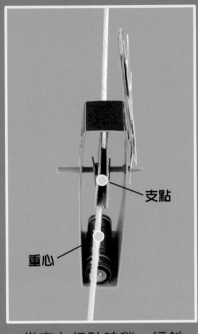
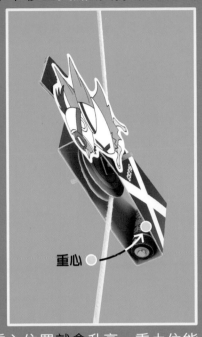
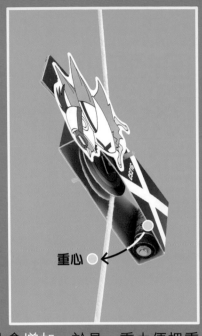

當車在行駛時稍一傾斜，重心位置就會升高，重力位能也會增加。於是，重力便把重心拉向下，讓重心回復至最低點，所以車不會翻倒。

翻倒的成因

當物體的重心在支撐面範圍內，就不會翻倒，反之亦然，以比薩斜塔為例：

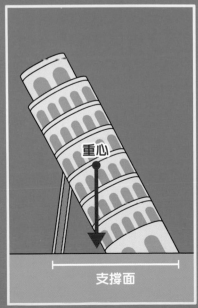

▲塔的重心仍在其支撐面內，所以還不會倒下。

▲若塔的重心在支撐面範圍外，就會倒塌。

▲只要用支架擴闊塔的支撐面，重心就仍在支撐面內，塔就不會翻倒。

特別表演 —— 雙人滾輪製作方法

工具：剪刀、白膠漿、萬用膠、膠紙、大頭釘、鉛筆、鎅刀
材料：紙樣、A4硬卡紙2張、AA電池2枚、瓦通紙、竹籤2枝、棉繩、吸管

⚠ 請在家長陪同下使用
刀具及尖銳物品。

在正文社網站下載和印出
紙樣製作雙人滾輪車吧！
https://rightman.
net/uploads/public/
CSDownload/216DIY.pdf

1 印出另一滾輪車的紙樣後，重複單人滾輪車的步驟1-5，製作多一輛滑輪車。

2

如圖用鎅刀在兩個背景板上劃出一條線。

3 如圖把吸管的兩端塞進背景板的縫隙，並用膠紙固定。

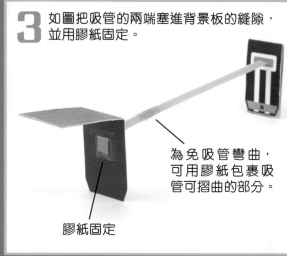

為免吸管彎曲，可用膠紙包裹吸管可摺曲的部分。

膠紙固定

4 用白膠漿黏好兩個背景板後，把它們黏在兩輛滑輪車上。

5 把角色紙樣黏在兩輛滑輪車的背景板上。

完成！

14

紙樣

沿實線剪下　　沿虛線向內摺　　黏合處

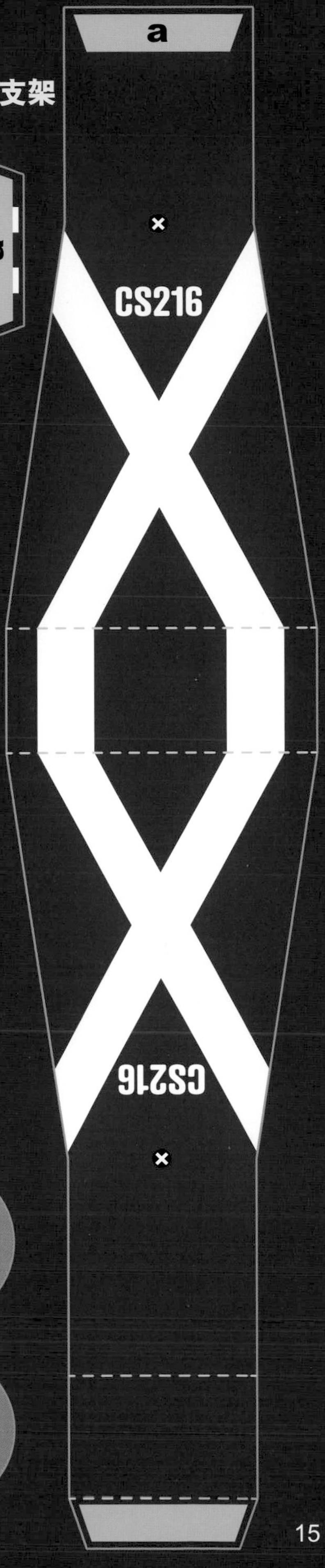

支架

背景板

車輪

固定環

角色

車輪軸心

a

CS216

CS216

15

嘿嘿嘿，快要完成了！

時值 1775 年，亞歷山大·卡明（Alexander Cumming）即將要完成一項驚人發明。同時，村莊看守人伏特犬和瓦特犬發現一座古堡的窗口出現隱約的火光，便前去調查。

你是誰？快要完成甚麼？

S-Trap（S 形隔氣彎管）。

S 形陷阱？

Trap 有陷阱之意。

虹吸陷阱

隔氣彎管之父

亞歷山大·卡明（1733-1814）是蘇格蘭鐘錶匠及發明家。他改良了抽水馬桶的設計，加裝由他發明的 S 型隔氣彎管，防止臭氣從馬桶或洗手盆去水口冒出。

虜淺！絕不是你們想的那樣！

正文社 YouTube 頻道

嘟一嘟在正文社 YouTube 頻道搜索「#216 科學實驗室」觀看過程！

17

模擬 S 型隔氣彎管

材料：珍珠奶茶飲管（可折曲）×2、膠紙、水　　工具：杯、剪刀

⚠ 請在成人陪同下使用刀具及利器。

為了消除誤會，我來做一個簡單示範。

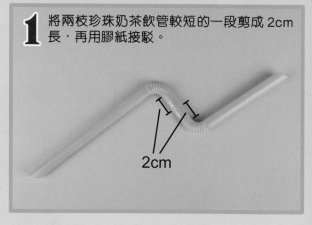

1 將兩枝珍珠奶茶飲管較短的一段剪成 2cm 長，再用膠紙接駁。

2cm

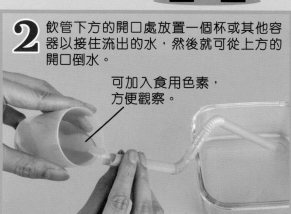

2 飲管下方的開口處放置一個杯或其他容器以接住流出的水，然後就可從上方的開口倒水。

可加入食用色素，方便觀察。

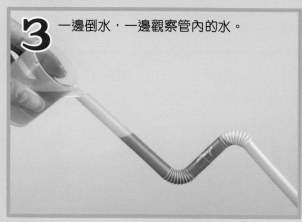

3 一邊倒水，一邊觀察管內的水。

不論倒進多少水，還是有些水積聚於轉彎位呢。

隔氣彎管如何運作？

飲管雖未必能屈曲成完美的 S 形，但已很接近其形狀，可模擬隔氣彎管的運作情況。

對，這些積聚的水就形成一個阻擋氣體的屏障。

1 理想狀態下，隔氣彎管內的水封兩邊的氣壓相同，因此兩邊的水面高度相等。

2 如果有水倒入，兩邊的水位會同時上升。但因其中一邊的水位本已接近臨界點，只要再上升一點，那邊的水就會流走。

氣體

3 聚存於隔氣彎管的水能阻隔來自公共排污渠的氣體。

為甚麼要隔氣？

公共排污渠內有多種氣體，有些是有毒的。一旦泄漏，輕則損害人們健康，重則致命，故須阻隔。

不過，卡明的發明並沒立即普及。直到 19 世紀，因倫敦泰晤士河的惡臭飄到英國國會議事廳，這才加快廁所的各項改革，包括要求用隔氣彎管隔臭，隔氣彎管自此才快速普及。

只是在 S 形隔氣彎管受廣泛使用後，人們開始發現它有個不容忽視的問題……

虹吸效應

⚠ 請在成人陪同下使用刀具及利器。

材料：膠杯（或紙杯）、水、飲管、萬用貼
工具：圖釘、螺絲批、鉛筆（或其他可用來鑽洞的工具）、剪刀

1 在杯底用圖釘戳一個洞。

虹吸效應有時會令隔氣彎管失效。我們來試試這個小實驗。

2 用螺絲批及鉛筆等物件將孔逐漸撐大，直至足夠讓飲管穿過。

3 剪出 2 段 U 形飲管，並如圖將其中一個開口剪成 V 字形。

4.5cm

4.5cm

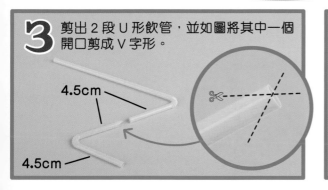

4 將 V 字飲管頭插入另一段飲管，再以膠紙加固，從而將兩段飲管接駁起來。

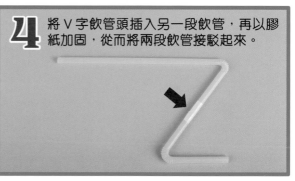

5

將飲管插進杯底的洞。

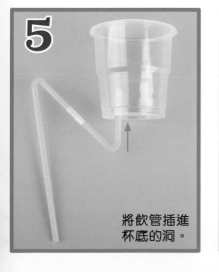

6 用膠紙將飲管固定為 S 形。

彎位頂必須低於杯口最少 5mm。

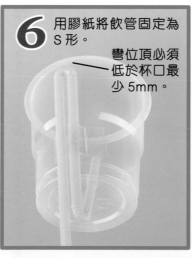

7 用萬用貼封住洞口及飲管間的空隙。

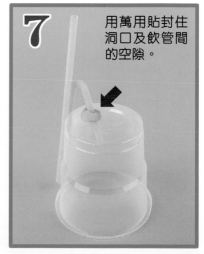

8 在杯底的飲管開口下放另一個杯,然後倒水到上方的杯內。

水位逐漸高於飲管彎位……

水突然從飲管流走!

水為甚麼會流走?

　　杯內的水只要高於飲管頂部的彎位,就會觸發虹吸效應,令水流走。

1 當水位未及飲管彎位,管內水柱及杯中的水受到同樣的壓力,所以水維持不動。

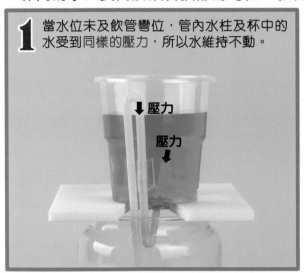

↓壓力

壓力↓

2 當水位高於飲管頂部的彎位,飲管內就會充滿水。那些水因自身重量而開始向下流走。

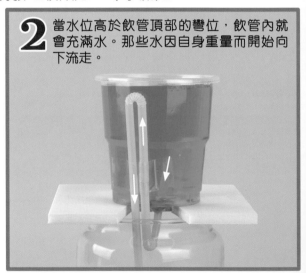

3 水流走後,管內的壓力下降,並低於飲管入水口的壓力。此壓力差異形成一道力量,不斷將水推入飲管,管內的水則繼續流走。

4 當水位下降到入水口的高度,空氣開始湧入,發出「咕嚕咕嚕」的聲響之餘,亦令飲管內外壓力重新平衡,虹吸效應就會停止。

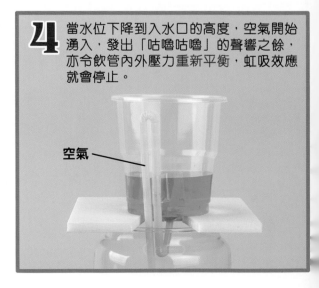

空氣

由於飲管比廁所水管幼得多，水因毛細現象才留在管道中間，但廁所喉管的水卻不會這樣。

被虹吸的水封

採用S形隔氣彎管的水廁和洗手盆等設施，也有類似左頁實驗的情況，亦即去水時會觸發虹吸效應。

▶以洗手盆為例，S形隔氣彎管會在去水時或公共排污渠有水流通時，觸發虹吸效應。

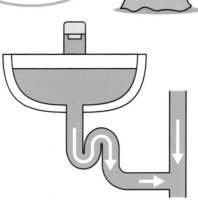

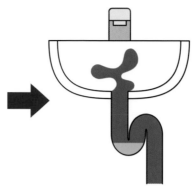

◀由於廁所水喉遠比飲管粗，虹吸停止時，不會有水塞在喉管中間，而隔氣彎管中的水則被過量虹吸而留有空隙，這樣就無法隔開來自公共排污渠的臭氣了。

破解虹吸效應

要解決虹吸問題，就要令喉管「通風」。

⚠請在成人陪同下使用刀具及利器。

材料：膠杯（或紙杯）、水、飲管、萬用貼
工具：圖釘、螺絲批、鉛筆（或其他可用來鑽洞的工具）、剪刀

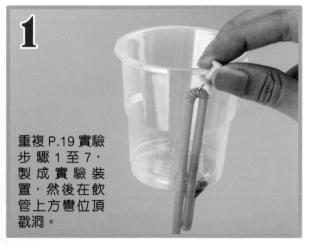

1 重複 P.19 實驗步驟 1 至 7，製成實驗裝置，然後在飲管上方彎位頂戳洞。

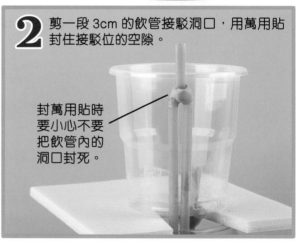

2 剪一段 3cm 的飲管接駁洞口，用萬用貼封住接駁位的空隙。

封萬用貼時要小心不要把飲管內的洞口封死。

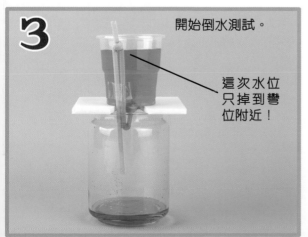

3 開始倒水測試。

這次水位只掉到彎位附近！

此實驗新增的開口及其連接喉管，就是一條通風管，令飲管內的壓力跟入水口的壓力接近相等，這樣就能防止隔氣彎管的水因虹吸而流失。現時的隔氣彎管及通風喉管已改良過，以確保水封不會失效，令人上廁所時更安全。

大偵探福爾摩斯
SHERLOCK HOLMES

科學鬥智短篇 56
康乃馨奇案 (3)

厲河=小説 鄭江輝、陳秉坤=繪

福里曼・威利斯・克勞夫茲=原案
陳沃龍・徐國聲=着色

福爾摩斯 精於觀察分析，曾習拳術，是倫敦最著名的私家偵探。

華生 曾是軍醫，樂於助人，是福爾摩斯查案的最佳拍檔。

上回提要：

盜竊慣犯桑茲常混進富人家中爆竊，令蘇格蘭場頭痛不已。但他最近在達頓莊園偷得珠寶後竟甩掉同夥逃之夭夭。及後，李大猩和狐格森成功拘捕桑茲，並把他押往其母家準備起回贓物，但中途卻殺出兩個桑茲的同黨把他擄走。福爾摩斯估計他們的目的也是珠寶，故追往桑茲母親家所在的小鎮。但趕到時，當地警察局的胖子局長卻告知，桑茲已中槍昏迷。不過，四人從其母親口中得悉，桑茲曾向兩個同黨提及康乃馨，福爾摩斯由此推斷，桑茲其實把珠寶藏於達頓莊園那個種滿了康乃馨的前院中，而那兩個同黨得悉後肯定已前往盜取。狐格森想打電話通知總部追截，卻被福爾摩斯阻止。因為，從種種跡象顯示……

「你們的總部有**內鬼**！」福爾摩斯向孖寶幹探説，「所以，你們押送桑茲的消息和他母親的所在，全都給桑茲的同黨知道了。」

「豈……豈有此理！」李大猩氣得漲紅了臉，「沒想到，總部竟然有內鬼！」

「所以，我們必須保密，親自把那兩個賊人**緝拿歸案**！」

「可是，從這兒趕去基茨夫人的達頓莊園，起碼也要三個小時。」狐格森擔心地説，「到時，兩個賊人可能已把珠寶偷走了啊。」

「不必擔心，那些珠寶藏在莊園的花園之中，大白天**眾目睽睽**，賊人不會**輕舉妄動**。」福爾摩斯分析道，「而且，賊人不會料到我們已得悉收藏珠寶的地點，一定會等到天黑才出動。」

華生想了想，卻有點不安地説：「但那個矮個子開槍打中桑茲的

頭，一定以為桑茲已死。這樣的話，他們未必急於今晚動手。倘若如此，我們的埋伏豈不是**白費氣力**？」

「哼！有甚麼關係？」李大猩叫道，「為了拘捕他們，我埋伏10天也沒所謂！」

「不，華生說得有道理。」福爾摩斯說，「埋伏一晚尚可**暗中行事**，時間長了必會被莊園內外的人知道，一旦泄漏消息，只會把賊人嚇跑。」

「那怎麼辦？不能讓到了嘴邊的肉甩掉呀！」李大猩急了。

「嘿嘿嘿，不用擔心。」福爾摩斯狡黠地一笑，「你們忘了蘇格蘭場有**內鬼**嗎？我們可以好好利用呀。」

「你是指利用內鬼嗎？怎樣利用？」胖子局長訝異地問。

「很簡單，在3個小時後，即我們到達莊園時，你發一個**電報**通知蘇格蘭場總部，寫上：『桑茲中槍昏迷，但無生命危險。』就行了。」

「為甚麼要這樣做？」狐格森問。

「這樣的話，內鬼必會**通風報信**，叫賊人趕快行動。因為賊人知道萬一桑茲醒來，必會告訴警方珠寶所在，他們就會**見財化水**了。」

桑茲中槍昏迷，但無生命危險。

「有道理！」李大猩立即明白了，「他們為免**夜長夢多**，今晚一定會去莊園偷回珠寶。這麼一來，我們就可**手到擒來**了！」

「那麼……除了3個小時後發電報外，我還有甚麼要做？」胖子局長戰戰兢兢地問。

「還用問嗎？」孖寶幹探齊聲罵道，「你當然留在這裏，好好保護桑茲和他的媽媽啦！」

「可是……」

「別**吞吞吐吐**的，可是甚麼？」李大猩不耐煩地問。

「可是……如果桑茲醒來，我又該怎辦？要發電報通知你們嗎？」

「傻瓜！當然不可以啦！」孖寶幹探又齊聲罵道，「被內鬼知道

24

的話，桑茲的同黨還會來嗎？」

「用**暗語**就行了。」福爾摩斯忽然吐出一句。

「暗語？甚麼暗語？」胖子局長問。

福爾摩斯沉思片刻後，隨即湊到胖子局長的耳邊，輕輕地說了些甚麼。

福爾摩斯一行四人，去到達頓莊園時已近黃昏。

「嘩！有好多**康乃馨**的盆栽啊，我之前來查案時竟沒察覺呢！」狐格森驚歎。

「這也難怪，人就是這樣，自己不關心的東西，就算放在眼前也不會看到。」福爾摩斯說。

「哎呀，不要說那麼多廢話啦！」李大猩不耐煩地說，「我們**當務之急**是在賊人來之前找出珠寶呀。」

「對！珠寶一定藏在其中一盆花中，只要逐一挖開來看，就一定能找到。」狐格森說。

「萬萬不可。」福爾摩斯連忙制止，「逐一挖的話一來花時間，二來會**打草驚蛇**，嚇得賊人不敢露面。」

「那麼怎辦？我們總得找回珠寶呀。」李大猩說。

「不必自己動手，假手於人就行了。」

「**假手於人？**」華生訝異。

夜幕低垂，福爾摩斯四人已躲在莊園前院的樹叢後面，**屏息靜氣**地等候賊人的到來。可是，周圍靜悄悄的，一點動靜也沒有。

「已埋伏了幾個小時，不要說賊人的蹤影，連一個**屁**也沒響。」李大猩焦急地說，「我不能再**忍**了！」

「甚麼不能再忍？」狐格

森怪責道，「抓大賊得有點耐性呀。」

「哎呀，就算我有耐性，但我的**屁股**沒有耐性呀。」李大猩懊惱地說。

「甚麼？屁股沒有耐性？」狐格森揶揄，「難道蹲在這裏，蹲得屁股也痛了？要不要我搬一把椅子來給猩大爺坐坐？」

「傻瓜，我不是屁股痛呀。」李大猩低聲罵道，「我只是一直忍着屁不放，快要忍不住了呀。」

「噓！」突然，福爾摩斯輕叫一聲，「有動靜！」

「啊！」三人慌忙閉上嘴巴，豎起耳朵細聽。

果然，不遠處傳來了**躡手躡腳**的腳步聲。

福爾摩斯伸高頭偷看了一眼，然後輕輕地舉起手，伸出了兩根指頭，無聲地說：「兩個人。」接着，他又用手勢比劃了一下，示意來了一個**大個子**和一個**矮個子**。

「應該是這裏了。」一個帶着鄉音的聲音響起。

「對，桑茲那傢伙說背着大門往**左**數，數到第10個花盆就是了。」一個沙啞的聲音應道。

「往**左**數？」鄉下腔有點猶豫，「不是往**右**數嗎？」

「往**右**數？」沙啞聲想了想，再說，「不，我肯定是往**左**數。」

「真的嗎？怎麼我記得是往右數。」

「呀，我記起來了。」鄉下腔又響起，「桑茲那傢伙說過，花盆是位於一株大樹的**樹蔭下方**。」

「樹蔭的下方？那不就是左邊嗎？」沙啞的聲音說，「快，我們往左數吧！」

「1……2……3……4……5……6……7……8……9……10！」沙啞聲有點興奮地說，「是這一盆了！」

李大猩聞言，作勢就要衝出去。但福爾摩斯慌忙把他擋住，並用手勢比比劃劃，無聲地示意：「等等！

待他們找到珠寶後，才進行拘捕吧。」

　　李大猩雖然急得如熱鍋上的螞蟻，但也只好縮回來**靜觀其變**。

　　這時，一陣**窸窸窣窣**的挖泥聲傳來，不用説，兩個賊人已在挖那個花盆了。

　　挖了一會，鄉下腔驚訝地説：「咦？怎麼沒有的？」

　　「唔……」沙啞聲遲疑了片刻，「難道我們搞錯了，其實是向**右**數？」

　　「不會啦。」鄉下腔説，「向右數的話，第10個花盆只會面向空曠的前院，又怎會在樹蔭下方啊？」

　　「那麼，可能我們數得不對。」沙啞聲説，「你挖第9個，我挖第11個看看。」

　　接着，又一陣**窸窸窣窣**聲響起。

　　不一刻，鄉下腔失望地説：「第9個也沒有啊，你那個怎樣？」

　　「沒有……怎麼沒有的？我這個也沒有。」沙啞聲焦急了。

　　「那怎麼辦？」

　　「**豈有此理！**」沙啞聲低聲罵道，「一定是桑茲欺騙我們，珠寶根本就不在花盆裏！我不會放過他！」

　　「對，不能放過他！沒想到腦袋吃了我一槍居然也沒死去，真是個命硬的傢伙！」鄉下腔説，「我一定要回去補他一槍，再送他一程！」

　　聞言，福爾摩斯、李大猩和狐格森都瞪大了眼睛，萬分緊張地互望了一下。華生心中驚叫：「**內鬼！**果然如福爾摩斯所料，蘇格蘭場內有內鬼！否則，賊人又怎知道桑茲未死！」

　　就在這時，突然「**咇**」的一聲響起。

　　「唔？」沙啞聲馬上警覺起來，「甚麼聲音？你放屁嗎？」

　　「我沒有呀。不是你放的嗎？」

　　「我？我也沒有呀。」

　　「那麼……難道……？」

　　「**哇哈哈！**」李大猩猛地從樹叢後面撲出，並大喝一聲，「傻

瓜！是本大爺放的**香屁**呀！還聞不出來嗎？」

兩個賊人仍未來得及反應，一個鐵拳已殺至，「**嘭**」的一聲，硬生生地打在大個子的下巴上。他慘叫一聲，就倒下了。

矮個子慌忙拔腿就逃，但同一剎那，狐格森的鐵腿一伸，正中那黑影的腹部，又是一下慘叫響起，黑影應聲倒地。

孖寶幹探一擁而上，「**砰砰嘭嘭**」地亂揍了一會兒，未待福爾摩斯出手，他們已把兩個賊人壓在地上，叫他們**動彈不得**了。

福爾摩斯和華生定睛一看，果然，眼下的正是在火車上擄走桑茲的大個子和矮個子。在李大猩的嚴詞審問下，知道嗓子沙啞的大個子名叫**霍克**，滿口鄉音的矮個子叫**泰勒**，都是爆竊集團的慣犯。

福爾摩斯再搜了一下那3個被挖開的花盆，除了有點濕潤的泥巴之外，甚麼也沒有。孖寶幹探只好召來巡警守住前院，待福爾摩斯向基茨夫人通報一聲後，再把兩個傻賊押往警察局，等待天亮再來作個**地毯式搜查**。

翌晨，四人又回到了達頓莊園的前院。這時，太陽已從大宅後的東邊升起，樓房的陰影剛好落在花圃上，給四周帶來了一點清涼之氣。

「現在怎辦？從哪兒開始找？」狐格森率先問道。

「根據兩個賊人說，桑茲把珠寶藏在樹蔭下方的花盆中。」福爾摩斯道，「他們已挖了3個，我們在那3個的左右兩邊，再各多挖幾個看看吧。」

「好！就這麼辦！」李大猩**坐言起行**，挑了一個花盆馬上挖起來。

福爾摩斯三人不敢怠慢，也動手挖起來。

半個小時後，他們把樹蔭下方的花盆全挖開了，卻仍然**一無所獲**。

「太奇怪了，怎會沒有的？難道

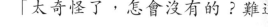

桑兹真的是向兩個同黨說謊？」狐格森摸不着頭腦。

「不會吧？」華生說，「他一定知道說謊的**後果**啊。」

「對，為了母親的安全着想，他應該不敢說謊的。」福爾摩斯說。

「豈有此理！」李大猩懊惱地叫道，「那麼，我就把這裏的所有花盆挖個**天翻地覆**，找不到珠寶**誓不罷休**！」

「稍安毋躁！」福爾摩斯連忙勸止，「基茨夫人是愛花之人，這樣亂挖又找不到珠寶的話，她一定會大興問罪之師啊。」

「哎呀，找不到珠寶的話，我們的局長也會**大興問罪之師**啊！」

福爾摩斯想了想，說：「這樣吧，與其胡亂地挖，不如由我逐盆檢視，看看泥土有沒有被翻動過的痕跡。有的話，就挖開那一個來看看吧。」

「這是個好提議。」華生贊成。

「**好吧！好吧！**」李大猩說，「別耽誤時間了，快檢視吧！」

福爾摩斯點點頭，然後繞着花圃緩緩地踱着步走了個圈，把所有康乃馨的盆栽都仔細地檢視了一遍。

「怎樣？有發現嗎？」狐格森**急不及待**地問。

「非常可惜，沒有一個花盆的泥土有被翻動過的痕跡。」福爾摩斯搖搖頭。

「啊……」聞言，孖寶幹探和華生都不禁**大失所望**。

「不過——」福爾摩斯摸了摸下巴，「我卻發現一個奇怪的現象。」

「甚麼現象？」華生問。

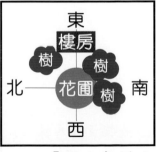

「你們看看那邊。」福爾摩斯指着大宅說，「那棟樓房背向東面，太陽升起時，樓房把太陽光遮蓋了，它的**陰影**就像現在這樣，剛好落在花圃上。不過，當太陽再升高一點，**陽光**就會越過樓房，照到花圃的盆栽上了。」

「那又怎樣？」狐格森問。

「太陽升高直至日落，在花圃上面向**東面**、**北面**和**西面**的盆栽都能在大部分時間內享受日光浴。」福爾摩斯答道，「不過，面向**南面**的盆栽長時間被樹蔭遮蓋，能享受日光浴的時間就短得多了。」

「那又怎樣啊？」李大猩不耐煩地問，「你究竟想説甚麼呀？」

「我想説的是——」福爾摩斯一頓，指着**面向東面的那一排盆栽**説，「為何能充分享受日光浴的花朵顯得有點兒**萎靡不振**，**而面向南面的、長時間被樹蔭遮蓋的花朵**反而長得更**鮮艷奪目**呢？」

「啊？你的意思是——」狐格森赫然一驚，「有人曾經調換了盆栽的位置？現在**向南**的盆栽，本來是放在**向東**的位置上的？」

「沒錯！」福爾摩斯眼底閃過一下寒光。

「甚麼？」李大猩大為驚訝，「難道**螳螂捕蟬，黃雀在後**？在兩個賊人來挖珠寶之前，有人把盆栽調換了？」

「不會吧？」華生質疑，「倘若早已知道哪個盆栽中有珠寶，直接挖走不就行了，何必多此一舉把花盆調來調去？」

「對，何必多此一舉？」狐格森附和。

就在這時，一個**瘦園丁**從樹叢後走了出來，説：「你們的討論我都聽到了，其實原因很簡單啊。為了讓面向南面的、在樹蔭下的盆栽生長得健康一點，我們會定期**調換**一下位置，讓它們多曬曬太陽啊！」

「啊！」四人恍然大悟。

「那麼，你們最近在哪一天把面向南面的盆栽調換了？」福爾摩斯連忙問。

「星期五。除了下雨天外，每兩個星期調換盆栽一次，上一次是在**上個星期五**。」

「啊！這麼説的話，上個星期五**向南**的盆栽，已被搬到**向東**的位置上了？」李大猩緊張地問。

「是啊。」

「哇！太好了！」李大猩大喜，「桑茲埋藏的珠寶，一定就在**向東**的——」

他話未說完，已跑到向東的盆栽前蹲下，拼命地挖起來。狐格森見狀，惟恐功勞被搶去似的，也慌忙奔過去，奪了個盆栽就挖。剎那間，沙泥四濺，兩人的四周揚起了**陣陣塵煙**，看得福爾摩斯和華生傻了眼。

不一刻，**向東的盆栽**已被挖個清光，可惜的是，不要說珠寶，就連一顆像樣的石卵也沒找到。

「哎呀，累死我啦！珠寶往哪去了啊？」李大猩和狐格森滿頭大汗地坐在地上，哭喪似的叫問。

「對，珠寶往哪去了？」華生也詫異萬分。

「唔……」福爾摩斯沉吟，「難道……桑茲為了保住偷來的珠寶，真的不顧母親安危，向那兩個兇惡的同黨撒了謊？」

「太可惡了……」華生憤怒地說，「我還以為他是個孝順的兒子，沒想到**財迷心竅**，連媽媽的性命也不顧！」

「可是，他就連自己的性命也不顧嗎？」福爾摩斯仍不明白，「大個子霍克找不到珠寶後，一定會折回去他母親家，找他算賬呀！」

「**電報！**拉科特鎮警察局發來的電報！」一個巡警舉着手上的電報匆匆忙忙地趕至。

「給我！」李大猩一手奪過電報來看。

「上面寫了甚麼？」狐格森問。

「wither。」

「wither？甚麼意思？」

「不好了！那是我與胖子局長約好的**暗語**。」福爾摩斯難過地說，「bloom*代表甦醒，反之，wither**代表危殆。」

「哎呀，這下可慘了。如果桑茲死了，連惟一的線索也會斷掉，珠寶就無法找回來啦！」李大猩苦着臉說。

*bloom：意為「開花」。 **wither：意為「枯萎」。

「這樣吧！」福爾摩斯提議，「我和華生趕回去醫院，看看有沒有辦法搶救桑茲。你們在這裏再仔細地搜一搜，看看能否把珠寶找出來吧。」

「也好！你們去吧！」李大猩和狐格森同聲贊成。

福爾摩斯**二話不說**立即轉身就走，華生也連忙追上。然而，當他往旁瞥了一眼的那一瞬間，不禁打了個寒顫！因為，他看到福爾摩斯的嘴角竟閃過一下**狡黠的冷笑**！

登上了前往拉科特鎮的火車後，華生忍不住責難：「福爾摩斯，你是否太過冷血？看到電報後還暗地裏冷笑？難道你認為桑茲陷入危殆是**罪有應得**？」

「甚麼？我有冷笑嗎？」福爾摩斯故作驚訝，「我還以為自己發出的是**會心微笑**呢。」

「會心微笑？人家病情危殆，你還能會心微笑？」

「哈哈哈！你怎麼跟李大猩他們一樣笨啊！」福爾摩斯大笑，「為了防止蘇格蘭場的內鬼截取情報，你也知道胖子局長發來的是**暗語**呀。他所謂的『wither』（危殆）當然是**反話**啦。」

「反話？」華生大吃一驚，「難道……真正意思是『bloom』，即是桑茲甦醒了？」

福爾摩斯狡黠地一笑：「沒錯，他已甦醒了，我怎能不發出會心微笑啊！」

「啊……」華生呆了半晌，才懂得問，「可是，你為何連李大猩他們也騙了？」

「嘿嘿嘿……」福爾摩斯煞有介事地湊到華生的耳邊說，「基茨夫人不是說過，找到珠寶後**酬金**加倍嗎？我怎可以讓那對孖寶笨探**捷足先登**，搶去已掛在嘴邊的肥肉啊！」

「甚麼？」華生不禁啞然。

幾個小時後，兩人趕到拉科特鎮的醫院，懷着興奮的心情走進了桑茲的**病房**。坐在病床旁邊的老太太神情已放鬆很多，看來已放下

心頭大石。

「啊……福爾摩斯先生，你**終於來了**……」桑茲看到我們的大偵探，倦容滿面地說。

「『**終於來了**』？」福爾摩斯不禁訝異，「難道你知道我會來？是那個胖子局長告訴你的嗎？」

「嘿嘿嘿……」桑茲有氣無力地笑道，「與胖子局長無關，是那個惡棍警探李大猩說的。他在『豬卡』揍了我一頓後，提過**你的名字**。」

「提過我的名字？為甚麼？」

「他說你在頭等卡歎紅酒，他卻要坐『豬卡』。他的搭檔還說，你們一定是邊喝紅酒邊講他們的壞話呢。」

「是嗎？他們竟這樣說？」福爾摩斯看了看華生，**忍俊不禁**地笑了一下。

「我被擄上馬車時，透過後窗看到你追來。當時就知道，你一定會追蹤到來，把我救出來的。」

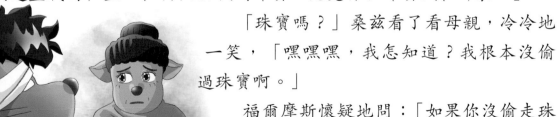

「啊？你竟然對我那麼有信心？」

「嘿，你是**享負盛名**的大偵探，有你在，我當然有信心。但沒想到，泰勒那麼心狠手辣，還未找到珠寶就要**殺人滅口**。」

「他可能只是**狗急跳牆**，亂了方寸罷了。」福爾摩斯把話鋒一轉，馬上切入正題，「對了，我們抓到霍克和泰勒了，也知道園丁調換過盆栽的位置，但仍無法找到珠寶。究竟你把珠寶藏在哪裏？」

「珠寶嗎？」桑茲看了看母親，冷冷地一笑，「嘿嘿嘿，我怎知道？我根本沒偷過珠寶啊。」

福爾摩斯懷疑地問：「如果你沒偷走珠寶，霍克和泰勒又為何緊咬着你不放？」

「他們知道我在大戶人家打工，就走來**脅迫**我，我……我能不答允嗎？」桑茲說着，挪動了一下脖子，滿懷深情地看着母親說，「可是……那天是家母的**壽辰**啊……！我怎可以在她生日的大日子幹犯法的事？」

聞言，老太太激動地捉住了桑茲的手，喃喃地說：「對，小傑是個**孝順的好孩子**，他……他不會犯法的。在我壽辰的日子……他是不會犯法的……不會犯法的……」

「但是，你不是欺騙霍克他們，說珠寶藏在康乃馨的盆栽裏嗎？」福爾摩斯追問到底。

「那只是**緩兵之計**啊！我不是那樣撒個謊、編個故事，霍克他們會暫時放過我和家母嗎？」

「不太可能吧？你詭稱把珠寶藏在樹蔭下的盆栽中，而園丁在第二天就把盆栽調換了？哪會這麼巧合？看來一切都是經過**計算**的啊。」

「嘿嘿嘿，果然是倫敦**首屈一指**的大偵探。」桑茲狡黠地一笑，「你說得對，那確實是經過精心計算的。」

「你為何要那樣做呢？」

「偵探先生，你聽過**狡兔三窟**的故事吧？」

「聽過，那又怎樣？」

「我們做賊的，為了應對意料之外的情況，至少都會預備好兩三套**應變的方案**啊。」桑茲乾咳一聲，繼續說，「首先，我向霍克說出收藏珠寶的地點，他一定會命泰勒看管我，自己則親身去找。這麼一來，我就可拖延半天時間等候你和警察來營救。這是狡兔為求脫身的**第一個窟**。」

「原來如此。那麼，第二個窟呢？」

「但世事難料，你和警察可能在霍克折返前也未能趕來營救呀。在這個情況下，我就可以拿出第二套說詞，指忘了園丁為讓樹蔭下的盆栽曬曬太陽，會在星期五把它們調換位置。霍克聽了，雖然會**半信半疑**，但一定會折返莊園再找。這麼一來，就可再多拖半天等待營救了。這就是為脫身預備的**第二個窟**。」

「第三個窟呢？那究竟是甚麼？」華生緊張地插嘴問。

「這個嘛……」桑茲看了看母親後閉上眼睛，**答非所問**地說，「事發當天是媽媽的生日啊，我的哥哥和妹妹為了出席人家的派對不來，但我不能不來啊……我好睏……讓我睡一下吧……」

此後，桑茲就閉上了嘴，一句話也不肯多說了。

「珠寶在哪裏？狡兔的**第三個窟**又是甚麼呢？」福爾摩斯和華生抱着這兩個疑問，失望地離開了醫院。

過了一個星期，兩人收到基茨夫人的電報，說珠寶根本就沒有離開過莊園，它們只是靜靜地躺在她女兒的首飾盒裏而已！

更令他們感到意外的是，出席基茨夫人生日派對的賓客中，竟然有一個人也姓桑茲，名字叫**彼得**，是桑茲的哥哥。追查下，警方又發現桑茲的妹妹琳達也是賓客之一。原來，桑茲的哥哥和妹妹都是基茨夫人的朋友！

「我明白了！」福爾摩斯丟下手中的煙斗喊道。

「明白甚麼？」華生被嚇了一跳。

「桑茲這隻狡兔的**第三個窟**！」福爾摩斯興奮地說，「記得桑茲的媽媽說過嗎？去年她60歲生日時，彼得和琳達都沒有來為她祝壽，反而離家10年的桑茲突然出現，還親自為她做了個生日晚餐。」

「那又怎樣？」

「還不明白嗎？桑茲事後一定得悉哥哥和妹妹為了出席基茨夫人的生日派對，沒有去為媽媽祝壽。我估計他這麼孝順，必然**氣憤難平**，於是混進夫人家中當廚工伺機報復。等了一年，即是他媽媽61歲生日那天，他就假裝偷走珠寶，破壞夫人的生日派對，令哥哥和妹妹也**敗興而返**！」

「啊……」

「不過，**人算不如天算**，爆竊集團的同黨卻藉此機會，脅迫他要

35

真的把珠寶偷走。他只好假意答允，但行事後又故意**暴露行蹤**，讓警方把他逮住，但死也不肯透露珠寶的去向。因為，他知道不消幾天，夫人的女兒一定會發現珠寶，到時，由於珠寶並未失竊，警方也必定只好放人。」

　　「好厲害的傢伙！」華生佩服地說，「當警方找回珠寶後，同黨對他亦**無可奈何**。因為他確實偷了珠寶，只是未能及時拿走而已。」

　　「對！這麼一來，他既可破壞夫人的派對，向哥哥和妹妹發出一個警告，二來可化解同黨的脅迫，最後更可**全身而退**！」說到這裏，福爾摩斯眼底閃過一下寒光，「這——就是可讓他脫身的**第三個窟**！」

　　「但再厲害的狡兔也會遇上難以預計的意外，他這次大難不死，已算萬幸了。」華生說。

　　「不過，霍克和泰勒犯了擄人、非法禁錮和企圖殺人罪，相信要嚐嚐好幾年的**鐵窗生活**。這麼一來，桑茲就可以擺脫他們，重新做個好人了。」

　　「是的，他今後除了每年可以為母親做一頓生日大餐外，還可以送上一束**康乃馨**，紀念一下這一宗令人難以忘懷的康乃馨奇案呢！」華生開懷地笑道。

科學小知識

【光合作用】

　　光合作用（photosynthesis）必須有以下三種東西才可進行：

①水　　②二氧化碳　　③光

　　當綠色植物吸收了水和空氣中的二氧化碳，在光（如陽光）的照射下，植物中的葉綠素就會把三者轉化成碳水化合物（如葡萄糖），並生成氧氣排到空氣中。這個由光能（light energy）轉換成化學能（chemical energy）的過程，就叫光合作用。

　　所以，就算有充足的水和二氧化碳，倘若陽光不足的話，植物的光合作用也會做得不好，其外觀就會顯得有點萎靡不振了。

　　為了生存，很多植物都會主動爭取陽光的照射，向日葵的花朵會跟著太陽的方向旋轉就是著名的例子。就算弱小如種在窗邊的日本豆芽，為了爭取日照，也會扭動腰桿子，拼命地向窗戶的方向伸過去呢！

　　本集故事中，福爾摩斯就是因為懂得這個原理，才能發現康乃馨的盆栽被調換過位置啊！

大家覺得幻彩折射燈的燈光效果如何？

蔡嘉康

*給編輯部的話

1-100分

咁希刺眼

猜猜這是誰？

這不正是帥氣100分的我嗎？

魏珮如

*給編輯部的話

今期的居兔夫人真可愛！但為甚麼她的頭髮那麼奇怪？？？？？

這是上世紀風格的假髮，畢竟每個年代的潮流都不同，我們會覺得奇怪也很正常呢。

陳彥熙

*給編輯部的話

Mr.A真笨，他已經知道不可以把地球塑膠進口，但他還要花錢買。

哈哈，以他這種愛賺快錢又容易疏忽細節的性格，說不定真的不知道禁例呢。

徐康洋

*給編輯部的話

龜在2月不是在冬眠嗎？為何在數學偵緝室裏有烏龜的？

你說龜老闆？他是隻見錢開眼的「金錢龜」，聽到有生意做，當然立即跑出來啊！

電子信箱問卷

潘希桐

我試了做DIY後，三角形真的是最快，那麼如果我用八邊形、十二邊形＆圓形比賽的話，哪一個最慢？

我猜邊數多於某個數值後，反而是愈多愈快，說不定八邊形比十二邊形和圓形都要慢，但還沒實驗過。那麼由你繼續實驗來告訴我們答案，好嗎？

其他意見

今期的教具非常有趣，如果用在生日會上會很漂亮。

黃嘉熙

原來紙盒不是放在廢紙回收筒內。

林澄芝

今次的折射光學大探究十分有趣，讓我明白了電路是甚麼。

蔡昕諾

動物

東非動物大遷徙

地理學家亞龜米德正與助手頓牛觀賞東非的動物大遷徙。

嘩！真壯觀啊！但牠們為甚麼要遷徙呢？

這跟降雨及食物有關，看看下圖。

6-8 月

❸ 因旱季的賽倫蓋提平原水草不豐，於是動物們渡過馬拉河，遷至馬賽馬拉，以確保能撐過旱季。

3-5 月

❷ 雨水開始減少，動物們隨着水氣向北移動。

肯亞

馬拉河

馬賽馬拉禁獵區

賽倫蓋提國家公園

恩格隆恩格隆保護區

坦尚尼亞

9-11 月

❹ 馬賽馬拉的面積只有賽倫蓋提十分之一，難以提供足夠食物予動物，所以牠們啟程返回賽倫蓋提。

12-2 月

❶ 此時為雨季，禾草生長豐盛，讓動物們大飽口福。另外，牛羚會在兩到三周內產下幾千隻小牛羚。

遷徙的動物

▼斑馬是遷徙大軍的先頭部隊，數量約有 25 萬隻。牠們會吃掉禾草頂部枯敗粗硬的葉尖，讓底下新生的葉片和莖稈得以露出及生長。

▲接續的是白鬚牛羚。牠們擁有寬大的口鼻和矯健的身形，為遷徙的主力軍，約有 150 萬隻。另外，牠們會吃掉地上新生的嫩草，並以蹄踏破堅硬的土壤，刺激草的生長，其糞便也能用作施肥。

◀最後是湯氏瞪羚，其身形矮小，善於奔跑，偏好吃最短的草類，約有 50 萬隻。

 # 兇險的路途

▼牛羚渡過馬拉河時，會因湍急的河水和兇猛的尼羅河鱷而死傷無數，所以該過程也稱為「天國之渡」。

▶遷徙過程中，將近一半的動物會因各種原因而死亡。不少獵食者如獅子、獵豹、鬣狗都對遷徙中的動物虎視眈眈，而病弱的大小牛羚更成為獵食的主要目標。

實現航天夢

「少年太空人體驗營」專訪（下）

今期繼續介紹三位少年太空人在體驗營的生活！

梁淦章先生

蘇熙驊
(Heymans)

蔡斯雅
(Joyce)

張殷碩
(Jason)

火箭發射！

咦？你們拿着甚麼？

火箭模型，營內有課程讓我們試製。

火箭頂部裝有降落傘。當它掉下來時，就能將其回收。

那模型不算難砌，因已分成多個部件，只要嵌在一起就可以。

反而最特別的是當中真的加入了火藥。

火藥放在哪個位置？

我記得好像在中間的主要部件內，其餘輔助火箭只是裝飾。

這是我們的成品。

上面那顆橙色東西是甚麼？

那是防止火箭意外發射，到發射時便將它移除。

 另外有枝金屬棒引導火箭飛天的方向，只是火箭發射後還是有些歪斜，但情況不算嚴重，蠻有趣的。

其實要令火箭升空時不歪斜，那是頗複雜的。

 對了，剛才 Heymans 說火箭射上去後會打開降落傘，那降落傘怎樣開啟的？

 它摺起來後就放在火箭的整流罩內。

整流罩

 那它是怎樣張開的？

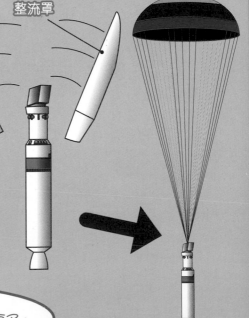

當火藥將近耗盡，就會發生小爆炸，炸開火箭最前方，讓降落傘有空間張開。

 若整流罩打不開，火箭就直墮地面了。

接下來，Heymans 展示了一幀照片，當中有一座大型建築物內部。

「那是酒泉衛星發射中心內的垂直組裝測試廠房。」他說，「整枝火箭就在這裏垂直地組裝，以達至『三垂一遠』的效果，這亦是廠房建得那麼高的原因。廠房外有路軌，當火箭完成組裝後，就能直接豎着沿路軌運送至發射塔架。」

▶「三垂一遠」即垂直組裝、垂直測試、垂直轉運、遠程發射，以縮短準備時間，提高效率。

Heymans 又顯示另一張照片道：「這是酒泉衛星發射中心的發射塔架，目前仍在使用，與廠房相距約一公里，兩者有路軌相連。」

「當時我們徒步從廠房走過去呢。」Jason 在旁插嘴道。

「對。那發射塔架很高，塔架旁邊還有兩個坑，可用來儲水。」Heymans 說，「火箭發射時有些火焰，附近就會變得很熱，故需有空間和水散熱。」

之後，一張大合照顯現眼前，其背景有座巨大塔架。

「那同樣是位於酒泉衛星發射中心附近的塔架，曾用來發射 1970 年的人造衛星『東方紅一號』，現已不再使用，只供人們參觀。」Heymans 介紹道，「發射人造衛星須有控制室，但該塔架四周十分荒蕪，那控制室在哪裏呢？」

「就是藏在地底。」他笑說，「當時其財力仍不足以在四周建造更大的建築物，遂將控制室建在地底，通過潛望鏡監察衛星發射的整個過程。」

▶「東方紅一號」是中國首次成功發射的人造衛星。

夜觀星空

很漂亮，還看到銀河呢！

這是上集提到國家天文台興隆觀測站，我們在當地度過一夜去觀星。

「當時我感受最深的是那裏的天空比香港更清晰，一抬頭就能看到許多星星，其數量可能比我以前所看過的更多。」Heymans 回憶道，「另外我們又見到流星，還有人造衛星掠過，形成『衛星閃光』(Satellite flare)，即人造衛星反光吧？」

「人造衛星會繞着地球轉動。」梁先生略作解說：「在黃昏或入夜等時分，陽光射來的角度剛好照到人造衛星表面，再反射到地面，猶如鏡子一般。」

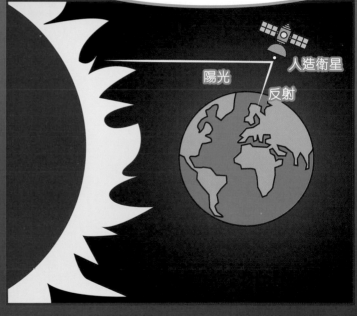

陽光
人造衛星
反射

▶人們常在夜空看到近地通訊衛星或太空站反射的亮光，亦即「衛星閃光」。

我記得還看到國際太空站在上空掠過時的反光。

那次是在北京。

有許多人追着看呢！

說了這麼多，你們有沒有做過太空人的訓練？   有啊！

太空人體驗

這是「前庭功能訓練」，屬「特殊體質適應性訓練」其中一項活動。因太空人在失重狀態下可能會頭暈或頭痛，故此需要訓練來適應。

就像這樣，一手碰着耳朵，另一手指向地轉圈，然後嘗試走直線。

「女生可慢慢地轉，較輕鬆；但到男生時，身旁就有兩個彪形大漢不斷推，愈轉愈快。」Heymans 回憶道，「而我……當時覺得自己是在走直線的。」

Joyce 在旁打趣地說：「其實你在沿另一條線走呢！」

「呃，不……」Heymans 苦笑着說，「地面有數條直線，我原是要走其中一條，豈料踏前時卻到了另一條線，結果斜着走。」

這時梁先生笑道：「你沒掉到地上算不錯了。」

這只是讓你們體驗一下，正式選太空人時就選些適應得較好的人。

那麼這是否能靠後天訓練去強化適應性呢？

他們沒說，但我相信既然有這些訓練，那該能從後天強化到的。

雖然所需時間較長，未必只用這訓練。可能讓人閉眼坐在椅上，再不斷快速轉椅來強化適應。

好，我們看看下一張照片。

嘩，Jason 很有型啊！

這是試穿航天服。裏面有個通風系統，所以就算那麼厚重，卻感到很清涼。

嗌！尿液？

系統連着左手的那個箱，好像也會處理尿液的。

因航天服不會隨便除下來。

行程中，少年太空人也到訪了北京的航天員中心。他們除了體驗參觀，還須上課和考試！

「那裏是航天員訓練和上課的地方。」Heymans 説，「其間我們還遇到王亞平呢！」

「她是中國第二位女太空人。」Jason 接口道。

「後來我們在課室上了半天的課。」Heymans 繼續説，「因第二天須考試，當晚我們就在那裏溫習。」

梁先生不禁問：「那課堂是教授甚麼？」

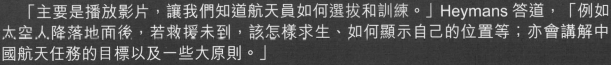

「主要是播放影片，讓我們知道航天員如何選拔和訓練。」Heymans 答道，「例如太空人降落地面後，若救援未到，該怎樣求生、如何顯示自己的位置等；亦會講解中國航天任務的目標以及一些大原則。」

「第二天考試後，有個人走進課室，那就是楊利偉。當時他説了許多鼓勵的話，希望我們有機會能在航天事業發展。」他續道，「我還記得自己拿着一本簿向對方索取簽名。」

Joyce 接口説：「我也帶了一本書讓他簽名呢。」

「那是甚麼書啊？」梁先生問。

「他的自傳——《天地九重》。書中寫他從飛行員、太空人選拔，到終於升上太空，最後回到地球的事跡。」Joyce 回憶道，「當初我以為他是位嚴肅的大人物，但其實很友善。他還問我那本自傳是否賣得好，我就答很好。」

◀楊利偉是中國首位進入太空的太空人。

對體驗營最深刻難忘的印象

「砌火箭模型最開心，因我自小就很喜歡火箭。」Jason 說，「以前在學校造水火箭，只是在泵水。用火藥就不同了，好玩得多！」

「之後火箭發射，還附有降落傘，真的非常厲害。」他續道，「另外，我們整組同學一起組裝那枝火箭，又一起將它射上去。先不理會甚麼牛頓三大定律等知識吸收，大家真的很開心，會一直記得曾在北京發射過火箭。」

至於 Heymans 則對興隆觀測站那兩座望遠鏡的感受最深。

「這讓我知道中國天文鮮為人知的貢獻。例如巡天工作方面，LAMOST 為星星光譜觀測提供大量數據，而天文界有很多人都會依賴它，這開拓了我的視野。」

梁先生回應道：「沒錯，LAMOST 補充了天文學觀測領域，因這方面沒多少人去做。」

「另外，在興隆的觀星體驗令我對天文重拾興趣。」Heymans 繼續說，「回校後就參加天文學會，還當上副主席，想為後輩宣講天文知識。」

而 Joyce 首先想到的是航天員訓練，當中的血液重新分佈訓練令其難忘。

「它模擬航天員上太空後最初數天，在失重狀態下產生的不適感。」她說，「受訓者躺在一個機器上不斷朝下往返，最後整個人就倒豎着。」

「起初我覺得那很輕鬆，豈料數分鐘後就感到渾身發燙，腦袋充血，非常辛苦。」她續道，「原來太空人訓練很辛苦，我只試數分鐘就受不了，而他們須訓練更長時間。」

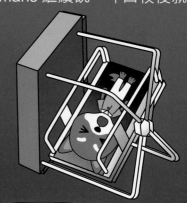

大家從體驗營有何得益？

我結交到一班**朋友**，受其邀請，中五時參加太空館的『中學生天文訓練計劃』，認識香港天文學會的成員。

另外現時我在修讀**中醫**，看似與航天無關，但其實並非如此，如張戈教授* 的一些提案已獲實踐。

我也找到志趣相投的同伴，之後更相約去觀星。我還體會到當太空人並非易事呢！

另外我現時在大學研究**可持續發展**，希望設計一些應用於太空艙的裝置，將自己喜歡的事物融入航天方面。

對我來說，從體驗營學到的就是**創新**很重要，如 LAMOST 在做全世界都不會做的事情。

我們不應囿於傳統，要想出一些新東西，也可基於舊事物去拓展。當全世界都在進步，而你沒進步，那就會落後了。

* 張戈教授，現為香港浸會大學中醫藥學院副院長（研究），曾與其他學者合力研究出嶄新藥物，幫助太空人減輕在失重環境造成的骨質流失。

說得對，創新思維對各範疇如航天、醫學等都很重要。以可持續發展為例，以往在地球能隨意捨棄的東西，到外太空卻因一切得來不易，就要全面思考怎樣能回收重用。

這時，梁先生話鋒一轉，問：「現在各國都說將到月球建立基地，香港也在招聘載荷專家。你們認為那些參與計劃的太空人須具備甚麼素質？」

「我認為心理素質決定一切。」Joyce 說，「因為在太空可能有突發事情，如一顆小石子突然來襲，立即引發許多問題。這時應先要保持冷靜，否則甚麼都做不到。」

Heymans 則認為到月球開荒的人須具有探險精神。他說：「觀乎以往創建國家或創業的人，都是願意冒險探索才開闢出新道路，令生活質素得以提升。」

「說得好，我一想到要上月球便已腿軟了，那裏甚麼都沒有。」梁生笑道，「聽說俄羅斯在太空站拍了一套電影，講述太空人有急病，要把一個醫生送上太空替其做手術。Jason 你認為怎樣？將來你可能會當駐月球醫生呢！」

「我對此並不抗拒，因現在仍想做外科醫生。」Jason 說，「但若要到太空就有許多事情要考慮。首先是重力問題，在地球上做手術，血液聚於下方，但到太空卻會飄來飄去。」

「此外，那醫生未受航天訓練，乘火箭時可能因巨大衝力而暈倒。」他續道，「若是我被委派前往，當然倍感榮幸，但事前就要接受訓練。」

梁先生說：「探索初期，隊員人數該不多，他們須有甚麼專業技能？與工程相關是必須的，作為隊伍的領袖能否確保隊員心理健康？這些都是重要考量。」

若將來活動復辦，有甚麼建議給那些想參加的同學？

我認為先說服自己做得到，別因自己有缺點就害怕而放棄，要善加利用自身的長處。

就算失敗了也別氣餒，要保持心中那團火。

更要享受過程，也要好好裝備自己，有機會時就不妨嘗試，感到快樂就好。

對，要享受過程。

一定要開開心心！

謝謝大家，希望對各位讀者有所啟發吧！

LAMOST 的構造

上集提到的 LAMOST，究竟裏面的結構是怎樣，我們在此看看吧！

梁淦章工程師
香港天文學會

太空歷奇

LAMOST 全稱「大天區面積多目標光纖光譜天文望遠鏡」(Large Sky Area Multi-Object Fiber Spectroscopy Telescope)，能同時觀測望遠鏡視場內4000顆星星的光譜。

定天鏡
可指向想觀測的天區，並自動追蹤抵消地球的自轉，以便進行長時間的光譜觀測。

焦平面
固定不動，上附 4000 條光纖以觀測星星的光譜。

主鏡
固定不動

光譜儀

如上集所說，定天鏡把要觀測的天區光線反射到主鏡，然後由主鏡將光線再作反射，聚焦到有 4000 條光纖的焦平面上。

不過若想觀看右頁的彗星就要用其他類型的望遠鏡了。

彗星多姿采 (下)

天文

梁淦章工程師
香港天文學會
太空歷奇

彗星最吸引人之處是其變幻莫測、難以捉摸的形態和亮度變化。彗星初被發現時，還未長出尾巴，看似是朦朧的星點。當它接近太陽，亮度增加，其表面被熱力蒸發形成姿采萬千的尾巴來。

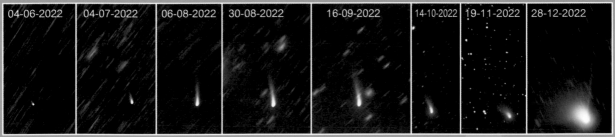

| 04-06-2022 | 04-07-2022 | 06-08-2022 | 30-08-2022 | 16-09-2022 | 14-10-2022 | 19-11-2022 | 28-12-2022 |

▲ 2022 年 3 月被發現的彗星 C/2022 E3 從 2022 年 6 月至 12 月的亮度和形態變化。

Photo Credit：
Didac Mesa Romeu

C/2022 E3 耀香江

儘管香港光害嚴重，但很多天文愛好者仍成功拍到 C/2022 E3。

▶用相機拍攝時，可先選擇周邊環境漆黑的地方，找一個特別的前景配襯彗星。曝光時間要長些，連續拍數十張，再用電腦程式把數十張彗星照疊加起來成單一照片，令暗淡的彗尾顯現出來。

▲ 2023 年 1 月 29 日 梁威恒攝
以 63 張曝光 60 秒的相片疊加而成
70-200mm Zoom Lens@115mm

▲ 2023 年 1 月 30 日 余惠俊攝
Unistellar eVscope 望遠鏡
曝光 60 秒

◀若用望遠鏡拍攝，則要用特殊的追蹤裝置，目的是拍攝彗核和彗髮的大特寫。

綠色彗星

C/2022 E3 雖不如其他大彗星壯觀，但很特別。其彗核周圍包圍着一圈明亮的綠色光輝，並曾短暫出現明顯的逆向彗尾，故被稱為綠色彗星。

▶ 2023 年 1 月 21 日 拍到 C/2022 E3 的逆向彗尾。

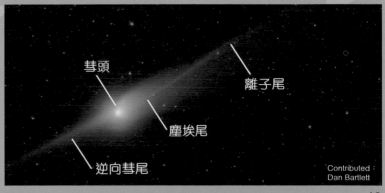

彗頭

離子尾

塵埃尾

逆向彗尾

Contributed：
Dan Bartlett

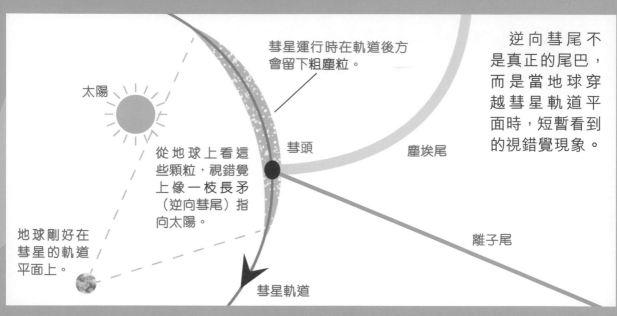

太陽

彗星運行時在軌道後方會留下粗塵粒。

從地球上看這些顆粒,視錯覺上像一枝長矛(逆向彗尾)指向太陽。

彗頭

塵埃尾

逆向彗尾不是真正的尾巴,而是當地球穿越彗星軌道平面時,短暫看到的視錯覺現象。

地球剛好在彗星的軌道平面上。

離子尾

彗星軌道

大彗星的風采

　　歷史上曾出現不少極為壯觀的大彗星,現介紹近數十年來幾個著名的例子吧。

1976 年的威斯彗星
　　被譽為最漂亮的彗星之一。在過近日點時亮度達 -3 度,在白天亦肉眼可見。

1997 年的海爾博普彗星
　　自 1996 年 5 月起亮度升至肉眼可見,並破紀錄地持續了 18 個月至 1997 年 12 月。其尾巴長度達 20°。

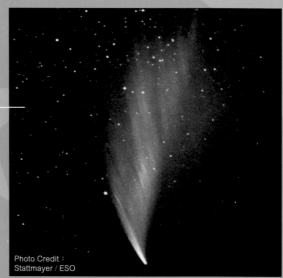

Photo Credit:
Stattmayer / ESO

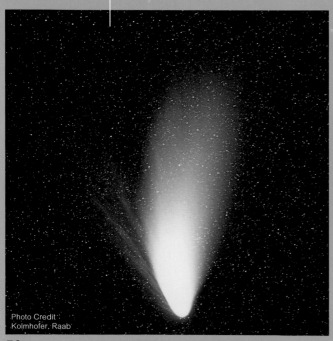

Photo Credit:
Kolmhofer, Raab

Photo Credit:
S Deiries / ESO

2007 年的麥克諾特彗星
　　在 2007 年 1 月過近日點前亮度大增,白天亦肉眼可見。多條塵埃尾巴散開成寬闊的扇形,長達 35°,甚為壯觀。

51

大偵探福爾摩斯
布偶與寶石(下)

上回提要：

福爾摩斯和華生在街上偶遇孖寶幹探追捕皇家寶石盜竊案的疑犯霍爾。原來他受賴登先生所托，把疑似裝有寶石的盒子放進了布偶廠中一個布偶內。當眾人趕至布偶廠時，驚覺所有布偶已搬上了三輛馬車，並向着三個不同的地方駛去。而他們須搞清楚那個放了盒子的布偶在哪一輛馬車上，再前往追捕。在眾人一籌莫展之際……

「不用怕、不用怕。」胖子廠長信心十足地說，「大部分紀錄都在我的腦袋裏。我記得，合共搬了**400次**貨上三輛馬車上，每次只搬一盒。搬單件裝和雙件裝的工人還向我投訴，說對他們**不公平**呢。」

「不公平？」福爾摩斯問，「甚麼意思？」

「他們說，他們把單件裝和雙件裝搬到 A 車和 B 車的**合共次數**，是搬三件裝上 C 車的**三倍**，但收的人工卻只是搬三件裝工人的一倍，所以就喊不公平囉。」胖子廠長一頓，然後**洋洋得意**地說，「不過，我說：『傻瓜！人家每件貨重你們三倍呀！這麼簡單的數學也不懂嗎？』一句就把他們罵走了。」

「就這樣？」李大猩問，「還有其他嗎？」

「就這樣，其他都不記得了。」

「哎呀，就這樣的話，我們又怎知道**編號160**的布偶在哪一輛車上啊！」李大猩氣得直踩腳。

「稍安毋躁，我已知道它在哪一輛馬車了。」忽然，福爾摩斯**成竹在胸**地笑道。

「甚麼？你已知道了？」李大猩和狐格森**異口同聲**地問，「你怎知道的？」

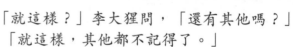

「他剛才說的呀。」福爾摩斯指着胖子廠長說。

「他？他有說嗎？」孖寶幹探摸不着頭腦。

「對，廠長有說嗎？」華生感到**納悶**，慌忙在心中整理了一下胖子廠長的說話。

1、布偶共有**750個**，包裝分為單件裝、雙件裝和三件裝。

2、依照編號的**順序**，先包裝好單件裝，其次是雙件裝，最後是三件裝。

3、**單件裝**搬上 **A 車**；**雙件裝**搬上 **B 車**；**三件裝**搬上 **C 車**，然後分別送去 A、B、C 三個不同的地點。

4、全部布偶搬上三輛馬車時，合共搬了 **400 次**。

5、單件裝和雙件裝搬到 A 車和 B 車的合共次數，是三件裝搬上 C 車的**三倍**。

難題：
你知道藏着寶石的 160 號布偶在哪一輛馬車上嗎？不知道的話，可看第 58 頁的答案啊。

　　可是，根據廠長提供的這些資訊，華生仍然想不通為何老搭檔能推論出編號 160 的布偶放在哪一輛馬車上。

　　「這不就是一道很簡單的數學題嗎？」福爾摩斯打斷華生的思緒，「只要知道三種不同包裝的**搬運次數**，就能推論出 A、B、C 三輛馬車上各自的**布偶數量**，從而算出編號 160 的布偶放在哪裏呀。」

　　「算出？怎樣算啊？」李大猩仍不明白。

　　「用**代數**來算呀。」

　　「代數嗎？」李大猩搔搔頭，尷尬地笑道，「哈哈哈，已全部還給小學時的數學老師了。」

　　「那麼，狐格森，你來算吧。」福爾摩斯説。

　　「我？這個嘛……」狐格森搔搔鼻子，也尷尬地笑道，「嘻嘻嘻，其他不敢説，在數學能力方面嘛，我和李大猩是**不相伯仲**的。」

　　「算了。」福爾摩斯**沒好氣**地説，「找回那顆寶石要緊，我們借用廠長先生的馬車，馬上去追趕目標中的馬車吧！」

　　「那麼……請問……我怎辦？」一直在旁聽着的霍爾，**戰戰兢兢**地問。

　　「還用問嗎？」李大猩怒喝，「全都是你害我們奔來跑去，你在這裏等着，要是找不到寶石，我就回來找你算賬！」

　　「對！在這裏等着呀！」狐格森説完，又向胖子廠長道，「你看管着他，要是給他逃了，**惟你是問**！」

　　説罷，兩人與華生一起，隨福爾摩斯走到門外，登上了廠長的馬車。

　　福爾摩斯待馬車開動後，説：「看來要花 1 個多小時才能趕上運載布偶的馬車，趁有空，你們正好動動**生鏽的腦筋**，消磨一下時間呢。」

　　「甚麼？不是又要計算吧？」李大猩一臉為難。

「哈哈哈……」狐格森以假笑掩飾驚恐，慌忙提議道，「不如玩猜拳吧，猜拳也能消磨時間啊。」

「聽着！」福爾摩斯並沒理會，一口氣地說出提示，「代數的算式涉及**三個未知數**，把三種包裝的搬運次數設為 X、Y、Z，再根據廠長的說話列出**3 條方程式**，就能算出布偶在哪一輛車上了！」說完，他把頭靠在椅背上，閉上眼睛假寐去了。

在一所陰暗的屋子裏，**獨眼虎賴登**坐在沙發上**閉目養神**，另一人則在房內**心緒不寧**地走來走去。

獨眼虎感到有點**不耐煩**，就開口道：「沙皮狗，你可以坐下來靜心等待嗎？」

「老大，我怎能靜心等候啊！」沙皮狗有點喪氣地說，「辛辛苦苦才偷來兩顆寶石，卻被警方**搜去一顆**，要是藏在布偶的那顆也丟失了，就白幹一場了！」

獨眼虎微微睜開眼睛，冷冷地說：「放心吧，警方不會料到我們用布偶**轉運**寶石來這裏。而且，那個負責轉運的可憐蟲霍爾並無案底，警方不會無緣無故地懷疑他。」

「可是，把寶石交給霍爾的**肥牛**被捕了，他不會供出霍爾嗎？」沙皮狗說。

「肥牛很有義氣，不會出賣我們的。」獨眼虎信心十足地說。

「是嗎？」沙皮狗卻沒有信心地說，「他很怕餓肚子，要是警方不准他吃飯，我看他甚麼也供出來了。」

「哼！不要說了！」獨眼虎不耐煩地罵道，「事到如今，嘀嘀咕咕也無用，耐心地等吧！」

「就算肥牛沒出賣我們，但那個霍爾會不會趁機**私吞**了寶石呢？」沙皮狗仍**囉囉嗦嗦**地說，「慘了、慘了，他一定私吞了寶石了。」

「哎呀！」獨眼虎跳起來大罵，「你安靜一點好嗎？霍爾對寶石的事一**無所知**，又怎會私吞？就算知道了，他

夠膽嗎？不怕沉屍泰晤士河嗎？」

「可是——」

就在這時，門外響起了「**咚咚咚**」的敲門聲。

接著，門外有人叫道：「布偶公司送貨呀！賴登先生在嗎？」

「哈！」獨眼虎大喜，「看，那東西不是送來了嗎？」說完，他**興高采烈**地去開門。

一個送貨員低著頭站在門外，說：「請簽收。」

獨眼虎簽了名，興奮地接過裝著布偶的盒子。就在同一剎那，送貨員猛地**踹出一腳**，把獨眼虎踢到凌空飛起。

「**哇呀！**」獨腳虎慘叫一聲，然後硬生生地摔在地上。

這時，躲在門外的李大猩和狐格森**一擁而上**，輕易就制服了獨眼虎和沙皮狗。

「我們是蘇格蘭場的警探，你們被捕了！」李大猩揚聲道。

「警探先生，訂購布偶也犯法嗎？為甚麼拘捕我們？」獨眼虎仍心存僥倖地抗議。

「嘿嘿嘿……」送貨員**施施然**地撿起掉在地上的盒子。

接著，他不慌不忙地打開盒子，從中取出一個布偶，冷冷地說：「買布偶當然不**犯法**，但是盜竊寶石卻是犯法的啊。」

「寶石？我不知道你說甚麼。」獨眼虎垂死掙扎。

「是嗎？」送貨員從布偶中取出一個小盒子，再從中掏出一顆**晶瑩剔透**的**藍寶石**，「這是甚麼？」

這時，送貨員脫下鴨舌帽，用帽頂的絨布擦了擦手上的寶石，抬起頭來笑道：「嘿嘿嘿，真是一枚**絕世瑰寶**，難怪100年才公開展示一次了。」

「啊！」這一剎那，獨眼虎認出來了，眼前人不是別人，正是大偵探福爾摩斯！

「昨天法庭**宣判**了。」一星期後，華生看着報紙説，「獨眼虎和沙皮狗分別被判入獄 5 年，肥牛提供情報有功，只是被判入獄 3 年呢。」

「那個霍爾呢？他被判有罪嗎？」福爾摩斯一邊看顯微鏡，一邊問道。

「霍爾被判**無罪**，因為他並不知道自己協助轉運賊贓。」

「是嗎？太好了。」

「咦？你整個早上都在看**顯微鏡**，究竟看甚麼？」華生好奇地問。

「看寶石呀。」福爾摩斯答道，「我要比較一下真寶石和假寶石的**折射光度**，看看它們有甚麼分別。然後，就把假寶石**燒掉**，觀察它在不同溫度下的變化。」

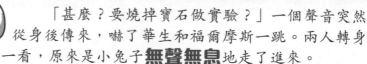

「甚麼？要燒掉寶石做實驗？」一個聲音突然從身後傳來，嚇了華生和福爾摩斯一跳。兩人轉身一看，原來是小兔子**無聲無息**地走了進來。

「我今天有空，要我幫手嗎？」小兔子走到福爾摩斯跟前問。

「幫忙？你只會幫倒忙！」福爾摩斯像趕蚊子般揮了揮手，「別來**搗亂**，快滾！快滾！」

「哎呀，我不是來搗亂呀。我只是把客人帶上來罷了。」小兔子**不甘示弱**地反駁。

這時，華生這才留意到門外還有一人，那人竟是霍爾。

「啊？霍爾先生？你怎麼來了？」華生訝異地問。

霍爾慌忙脱下帽子，怯生生地説：「我……我是來**道謝**的。全靠你和福爾摩斯先生找回寶石，我才可以脱罪。」説完，他向兩人深深地鞠了一躬。

「別客氣。」華生笑道，「我們只是幫助警方破案罷了。」

「嘿，你這樣到處走不怕嗎？」福爾摩斯語帶**戲謔**地走過來問，「獨眼虎雖然入獄了，但他的手下眾多，一樣會來追債啊。」

「啊……這個嘛……」霍爾揉了揉手中的帽子，有點尷尬地説，「我就是為了這個……來找你們的。」

「甚麼意思?」福爾摩斯摸不着頭腦。

「你們那麼好人,一定會為人為到底,送佛送到西。」霍爾走前一步,看了看福爾摩斯,又看了看華生,充滿期待地問,「請問……兩位可以借**50鎊**給我嗎?我還了高利貸後,一年之內一定會**原銀奉還**的。」

「甚麼?」福爾摩斯和華生兩腳一歪,幾乎同時摔倒。

「快滾!我已兩個月沒交房租了!我還想向高利貸借錢呢!」福爾摩斯破口大罵,嚇得霍爾夾着尾巴**落荒而逃**。

「甚麼?你剛才說甚麼?你拿到**破案酬金**後,竟沒還清欠租?」華生大為驚訝。

「嘻嘻嘻,我要花錢做實驗嘛。你知道,那兩顆一真一假的寶石,可花去我不少——」

說到這裏,一陣**燒焦味**傳來。

「唔……?這是甚麼味道?」福爾摩斯伸長鼻子往空中嗅了嗅,再回頭看去,

只見小兔子拿着一枝鉗子夾着一顆**黑炭**,桌上只餘下那顆假寶石,但真寶石卻**不見了**。

小兔子吃吃笑地說:「福爾摩斯先生,我已為你燒了寶石,下個實驗是甚麼?」

聞言,福爾摩斯「啪噠」一聲摔倒在地,昏過去了。

【完】

57

先將單件裝搬上馬車的次數設為 X；雙件裝搬上馬車的次數為 Y；三件裝搬上馬車的次數為 Z。

①工人把所有布偶搬上馬車的次數，可用以下算式顯示：

$X+Y+Z=400$

②布偶的總數可寫成以下算式：

$X+2 \times Y+3 \times Z=750$

$X+2Y+3Z=750$

③不同馬車搬貨次數的關係就是：

$X+Y=3 \times Z$

$X+Y=3Z$

把算式③代入算式①：

$(X+Y)+Z=400$

$3Z+Z=400$

$4Z=400$

$4Z \div 4=400 \div 4$

$Z=100$

把 Z 的值代入算式①，寫成算式④：

$X+Y+Z=400$

$X+Y+100=400$

$X+Y+100-100=400-100$

$X+Y=300$

接著，把 Z 的值代入算式②，寫成算式⑤。

$X+2Y+3Z=750$

$X+2Y+3(100)=750$

$X+2Y+300=750$

$X+2Y+300-300=750-300$

$X+2Y=450$

將算式⑤減算式④：

$(X+2Y)-(X+Y)=450-300$

$X+2Y-X-Y=450-300$

$Y=150$

將 Y 和 Z 的值代入算式①，計算 X 的值。

$X+Y+Z=400$

$X+150+100=400$

$X+250=400$

$X+250-250=400-250$

$X=150$

所以，將單件裝搬上馬車 A 的次數為 150 次，將雙件裝搬上馬車 B 的次數亦為 150 次，但將三件裝搬上馬車 C 的次數則為 100 次。換句話說，馬車 A 有 1 x 150=150 個布偶，馬車 B 有 2 x 150=300 個布偶，而馬車 C 則有 3 x 100=300 個布偶。

由於寶石是放在第 160 個布偶（編號 160）中，搬貨工人又是順次序把布偶搬上馬車A、B、C，所以藏着寶石的布偶是在馬車 B 上。

仁濟創意科技嘉年華 2023 回顧

「仁濟創意科技嘉年華 2023」已於今年二月二十五日順利舉行，大會邀得陳繼宇博士 MH 太平紳士蒞臨主禮。嘉年華展示了在 STEAM 教育下，院屬中、小、幼學生的創意成果。現在就帶大家看看當日的情況吧！

人工智能車
仁濟醫院靚次伯紀念中學

人能認路，車也同樣做到！同學利用編程、機器學習和人工智能，讓人工智能車拍攝行走路線的情況，以自行修正行走路徑，那就能在預設的賽道內順利行駛。

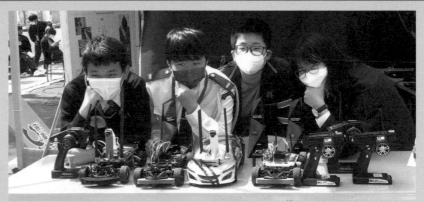

海底拯救隊　仁濟醫院第二中學

同學可操作水陸兩用機械人，模擬從陸地衝進水裏拯救那些遇上海難的乘客，從中學習浮力和阻力對水底航行的影響。

百變斜道　仁濟醫院林李婉冰幼稚園

幼稚園學生同樣創意無限！他們提供工具和材料，讓參與活動的家長和同學一同建構長長的斜道，把小球和雪橇運送至終點。

香港中文大學
生物及化學系客席教授
曹宏威博士

Q1 為甚麼動物的聽覺比人類好?

李哲也

生物的「生命」有兩個主要功能,第一個是牠本體要存活和成長,第二個是物種延續所需要的繁殖。在自然界中,所有生物的生命功能都和牠們存在的環境息息相關。

動物異於植物,牠們身處一個弱肉強食的搏鬥世界!野獸群為了保障一己的生命不受禍害,在自然進化的過程中,各自獲得不同防禦機能及競擇的謀生本能,包括視覺、聽覺、嗅覺、味覺和觸覺等感官。不同種類的動物有不同的感官功能,視乎其遺傳因子、進化條件和環境而定。

你說的「動物的聽覺比人類好」,不容易作答,既因動物種類太多,各有強項,不能一概而論。更何況,某些動物即使聽覺遲鈍,也可用其他擅長的本領補缺。

另外,動物的聽覺除了「避凶防危」外,雀鳥的求偶高歌也是一種不可或缺的恩賜。然而,聽覺要看音頻而定,例如以高音頻率而言,狗的確比人靈敏。我認為這不要緊,因為我們有智慧,正好利用聲學知識,製造出「狗哨子」,可以吩咐、馴服狗的行動,忠誠地為我們所用。

▲根據科學家對蟹的研究,蟹的聽覺並不比人類好,牠們似乎只能聽到低頻聲音。

Q2 為甚麼人體是導電體?

馮孜浩

電流是電子沿着導電體的流動。導電體除了碳的同素異形體如石墨外,一般都是金屬物質。金屬原子的外層電子依附在物質表面,很易順勢流動,產生電力。因此,在日常生活中,我們把金屬歸類為導電體,當中最常用且合乎經濟原則的導電物就是銅線。

▲港鐵站內可找到自動體外心臟除顫器。

非金屬元素原子的外層電子在常態中失去活躍性,分別成為令分子結合的「成鍵電子」或者受到其他種類的約束,故此在常態中它們被歸類為不良導電體甚至絕緣體。

不過,所謂「不良」和「絕緣」也是一個在常態中的類別稱號,一旦出現高電壓,絕緣物料也可能通電。

人體雖非良好導電體,但只要電壓足夠,電流夠大,仍可感受到通電。例如用手指碰觸一顆 1.5 伏特的 AA 電池兩端,因電流非常微弱,大概上無甚感覺;要是換上 9 伏特的電池,便可能會感到輕微觸電感(切勿嘗試!)。至於用以急救拯命的「心臟除顫器」,能於極短時間內以 200 至 1000 伏特的電壓電擊心臟,從而糾正其心律,就是通電的明顯現象。

為鼓勵讀者多思考多發問,編輯部將向被選中刊登問題的讀者寄出紀念品一份!

啵啵啵啵～～

甚麼聲音？

啵啵啵啵啵～～

大剛！

振作呀！大剛！

沒用的，他都聽不到……

不，他聽到的。

甚麼？

人類臨終時，身體不會一下子關閉功能，而是逐漸停止。

即使逝世後，只要耳朵細胞未死，信號仍能傳至腦部，只是死者無法作出反應。

大剛的大腦仍在運作，所以你們的聲音能傳達給他！

這裏是……

大腦的海馬體。

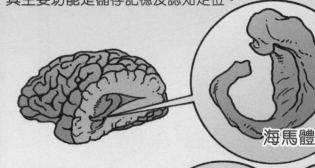

海馬體是人類和其他脊椎動物腦部的重要部分，其主要功能是儲存記憶及認知定位。

海馬體

人們曾經歷的事情和學習過的知識，都儲存在這裏，到有需要時提取出來。

印象深刻的體驗會長久存放。

但上周吃的午餐等平常事情就很快被刪除。

先檢查這裏有沒有異常。

噢！這些是大剛的記憶！

但好像很混亂的？

人們常説臨終前腦海像走馬燈般出現各種回憶。

其實是海馬體缺氧失常，胡亂讀取記憶引致。

咦，那是甚麼？

67

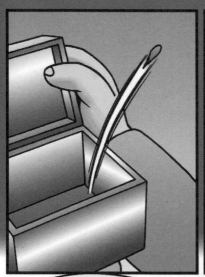

跳進去了！

難道那就是異物？

放大分析！

就是它！立刻掃瞄腦部找出其位置！

準備作戰！

大剛，要等我們呀！

75%

78%

它正不斷抽取大剛的腦部物質。要盡快破壞它！

別阻着我！

這是大剛買下的新技術，你無權干涉！

新技術？

就是把大腦意識上傳雲端，達至永生的技術！

意識上傳是一種科幻概念，即把人類腦部意識、記憶等上傳至電腦設備，擺脫肉體，變成數碼人格。

人類記憶、思考等精神活動都通過神經系統傳送化學物質信號來達成，於是有些科學家以此為基礎，發展上述概念。

然而那牽涉很多哲學爭議，例如上傳的意識是否等同其本人。加上腦部運作仍有很多不明部分，該概念仍未受廣泛認同。

現時有數間科技公司正研究意識上傳的技術，例如科技巨頭馬斯克創辦的Neuralink、澳洲醫學公司Synchron等。

馬斯克更表示曾上傳自己的大腦，並與之交談，但這亦代表那並非他本人的意識。

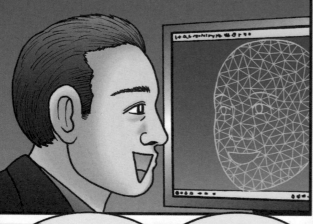

只要把腦內物質完全搬到超級電腦，然後……

快停手！

人類自古不斷尋求永生的方法。

但無論煉藥、改造、冷凍等都未見成功。

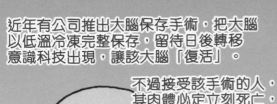

近年有公司推出大腦保存手術，把大腦以低溫冷凍完整保存，留待日後轉移意識科技出現，讓該大腦「復活」。

不過接受該手術的人，其肉體必定立刻死亡，卻無法確定以後能否復活。

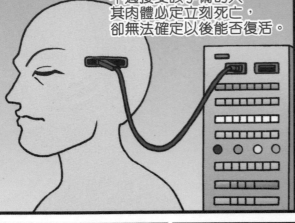

大剛被抽取腦部物質後就會死去！

就算其意識能在電腦復活，可能已非我們認識的大剛！

97%

我、我不會失敗的！應該不會……

98%

快停下它！你想害死朋友嗎？

求求你！

兒童的科學 NO.216

香港柴灣祥利街9號
祥利工業大廈2樓A室
兒童的科學 編輯部收

有科學疑問或有意見、
想參加開心禮物屋，
請填妥問卷，寄給我們！

大家可用
電子問卷方式遞交

▼請沿虛線向內摺

請在空格內「✔」出你的選擇。

我購買的版本為：01□實踐教材版 02□普通版

*給編輯部的話

*開心禮物屋：我選擇的
禮物編號 [　　　　]

*我的科學疑難/我的天文問題：

*本刊有機會刊登上述內容以及填寫者的姓名。

有關今期內容

Q1：今期主題：「排污知識大探索」
03□非常喜歡　　04□喜歡　　05□一般　　06□不喜歡　　07□非常不喜歡

Q2：今期教材：「化學洗手間」
08□非常喜歡　　09□喜歡　　10□一般　　11□不喜歡　　12□非常不喜歡

Q3：你覺得今期「化學洗手間」容易使用嗎？
13□很容易　　14□容易　　15□一般　　16□困難
17□很困難（困難之處：＿＿＿＿＿＿＿）　　18□沒有教材

Q4：你有做今期的勞作和實驗嗎？
19□雙人滾輪大挑戰　　20□實驗一：模擬S型聚水器　　21□實驗二：虹吸效應
22□實驗三：破解虹吸效應

請沿實線剪下

請沿實線剪下

問　卷

讀者檔案

#必須提供

#姓名：		男 女	年齡：	班級：

就讀學校：

#居住地址：

#聯絡電話：

你是否同意，本公司將你上述個人資料，只限用作傳送《兒童的科學》及本公司其他書刊資料給你？（請刪去不適用者）

同意/不同意　簽署：＿＿＿＿＿＿＿＿＿＿＿＿＿＿＿＿　日期：＿＿＿＿年＿＿＿月＿＿＿日

（有關詳情請查看封底裏之「收集個人資料聲明」）

讀者意見

A 科學實踐專輯：爆廁危機？

B 海豚哥哥自然教室：美洲白鵜鶘

C 科學DIY：雙人滾輪大挑戰

D 科學實驗室：虹吸陷阱

E 大偵探福爾摩斯科學鬥智短篇：
　康乃馨奇案(3)

F 讀者天地

G 地球揭秘：東非動物大遷徙

H 今期特稿：實現航天夢 (下)

I 天文教室1：LAMOST的構造

J 天文教室2：彗星多姿采 (下)

K 數學偵緝室：布偶與寶石 (下)

L 活動資訊站

M 曹博士信箱：
　為甚麼動物的聽覺比人類好？

N 科學Q&A：生死一線

＊請以英文代號回答Q5至Q7

Q5. 你最喜愛的專欄：
第 1 位 23＿＿＿＿＿＿　第 2 位 24＿＿＿＿＿＿　第 3 位 25＿＿＿＿＿＿

Q6. 你最不感興趣的專欄： 26＿＿＿＿＿　原因： 27＿＿＿＿＿＿＿＿＿＿＿＿

Q7. 你最看不明白的專欄： 28＿＿＿＿＿　不明白之處： 29＿＿＿＿＿＿＿＿＿＿＿

Q8. 你從何處購買今期《兒童的科學》？
30 □訂閱　　31 □書店　　32 □報攤　　33 □便利店　　34 □網上書店
35 □其他：＿＿＿＿＿＿＿＿＿＿＿＿＿＿＿＿＿＿

Q9. 你有瀏覽過我們網上書店的網頁www.rightman.net嗎？
36 □有　　37 □沒有

Q10. 你對哪些種類的科學實驗有興趣？(可選多於一項)
38 □電與磁　　39 □熱力　　40 □力與運動　　41 □光與視覺
42 □聲音　　43 □空氣　　44 □水的特性　　45 □物料特性
46 □化學　　47 □其他＿＿＿＿＿＿＿＿＿＿＿＿＿＿＿＿＿＿